貓咪超有事

夢之船

志銘與狸貓 ◎圖文

目錄

登場角色介紹

招弟

身為後宮的第二位成員，又是阿瑪的元祖女友，地位自然是一貓之下，六貓之上，不過難免有些貓咪不認同她輕而易舉得來的地位，總在暗地裡有暗潮洶湧的抱怨。不過自從學會貓語之後，她更懂得表達心裡所想的，也開始維護自己的權益，前陣子雖飽受搜可史的尖叫攻勢考驗，不過靠著冷靜突襲的策略，最終還是成功守住自己的地盤，堪稱「最安靜的女王」也不為過。

黃阿瑪

生來有霸氣不凡的貓格特質，也是後宮眾貓與奴才公認的領袖。雖然平時看起來威嚴正經，對奴才總是欲擒故縱，不願意隨意示好，但其實私底下偶爾也有溫柔暖心的一面。除此之外，體型壯碩的阿瑪，更有些不為人知的休閒嗜好，像是被擦屁屁、騎柚子……這些可都是不允許被記錄下來的真實軼事（不過奴才還是冒死記下了）！

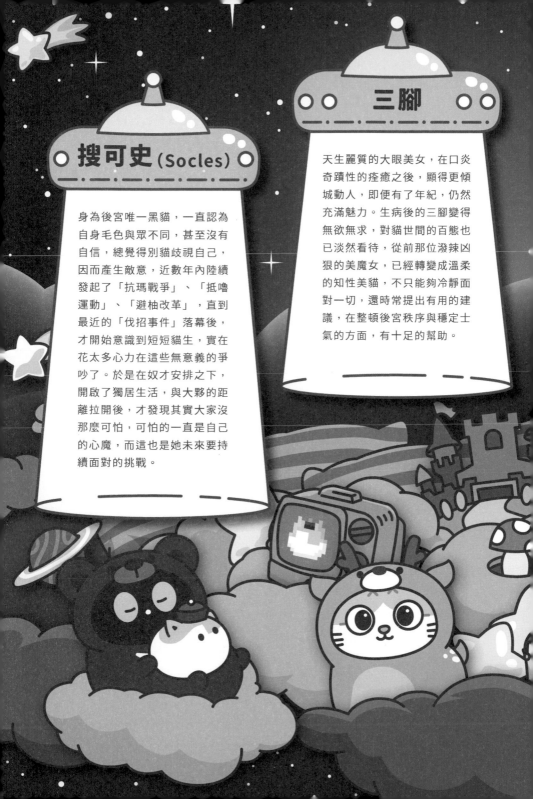

搜可史(Socles)

身為後宮唯一黑貓，一直認為自身毛色與眾不同，甚至沒有自信，總覺得別貓歧視自己，因而產生敵意，近數年內陸續發起了「抗瑪戰爭」、「抵嚕運動」、「避柚改革」，直到最近的「伐招事件」落幕後，才開始意識到短短貓生，實在花太多心力在這些無意義的爭吵了。於是在奴才安排之下，開啟了獨居生活，與大夥的距離拉開後，才發現其實大家沒那麼可怕，可怕的一直是自己的心魔，而這也是她未來要持續面對的挑戰。

三腳

天生麗質的大眼美女，在口炎奇蹟性的痊癒之後，顯得更傾城動人，即便有了年紀，仍然充滿魅力。生病後的三腳變得無欲無求，對貓世間的百態也已淡然看待，從前那位潑辣凶狠的美魔女，已經轉變成溫柔的知性美貓，不只能夠冷靜面對一切，還時常提出有用的建議，在整頓後宮秩序與穩定士氣的方面，有十足的幫助。

柚子

雖然是後宮唯一沒有流浪過的貓咪，總是樂天無憂，隨心所欲，但經過幾年間的成長，也對於世事多少有些了解，從前對於地盤多寡沒那麼在乎，隨著年紀漸長，體內的賀爾蒙開始有了奇妙的變化，對於後宮的排名地位日漸在意，面對自己存在的位置，也開始尋求認同的價值。

嚕嚕

身為橘貓界代表的勇士，在後宮數年間飽受眾貓的無情欺凌，好在現在與始作俑者阿瑪已達成了協議，阿瑪允許嚕嚕擁有自己的一塊領地，而嚕嚕也不再是永遠要看別貓臉色的手下敗將，並承諾與阿瑪和平共處，締造和平的盛世。面對後宮地位的流轉，嚕嚕也變得不再在乎，只要能一直待在人類身邊，只要能平安度日，那便是他貓生唯一追求的信仰。

小花

是一隻三花貓，同時是後宮最年輕的新成員，也是目前僅存的逗貓棒使用者。非常有自己的想法，善於開口表達意見或主張自己的權益，不太願意為了別人，委屈自己配合任何事，除了柚子之外。柚子對她而言，像是個安定的力量，只要有柚子在的地方，小花就顯得安然自在；反之，只要一見不到柚子，小花就會心急如焚到處尋找。

浣腸

因為擁有鬥雞眼搭配下垂的眼型，看起來總是楚楚可憐，也總能獲得更多的關愛，但因為眼睛的缺陷也讓他有更多的膽怯，與對這個世界的不信任。與嚕嚕相同的是，浣腸也得到了一塊屬於自己的領地，但對於這個分封，他始終覺得不甘心，他明白因為過去對阿瑪嚕嚕的抗爭，才淪落至此，分封只是個美名，實為被軟禁的懲罰，為了重回戰場，每日勤奮健身拉單槓，只為重返自由，奪回勝利的滋味。

狸貓

志銘

灰胖

志銘於大學時期養的第一隻寵物，是一隻灰色迷你兔，平時溫馴乖巧，但脾氣不是太好，擅長以蹬後腳來表達不滿。令人意外的是，瘦小的灰胖面對壯碩的阿瑪時，仍然不卑不亢，表現出先來後到應有的地位關係，灰胖同時也是阿瑪進入人類家庭生活後的第一位非人類室友，與灰胖相處的點點滴滴，也為後來阿瑪領導後宮打下了穩固的基礎。本集灰胖雖未登場，但於貓咪超有事2中有十分精采的表現喔！

奴才

分別是志銘與狸貓，是後宮裡最低等的兩名生物，沒有尊嚴，沒有怨言，一切都以貓咪福祉作為考量，為貓咪努力工作，為貓咪犧牲奉獻，一切都只為了貓咪統一世界為最終目標。

每天都好棒的貓貓們

睡覺睡覺！

在後宮，夜晚陪睡組合有兩種。

第一組是柚子和小花。

他們通常都會靠在一起睡，或是躺得很近。

位置大部分都是在狸貓的腿部附近。

好暖……

揹

另一組是阿瑪和三腳，這組比較少出現。

同時出現的機率大概一週只有一兩次！

阿瑪的位置很固定，都選在胯下部位。

很溫暖……但好重。

而三腳的位置非常特別……

三腳你來了啊……

每隻貓咪都有固定的睡覺習慣，選擇室友也是要很看心情的！

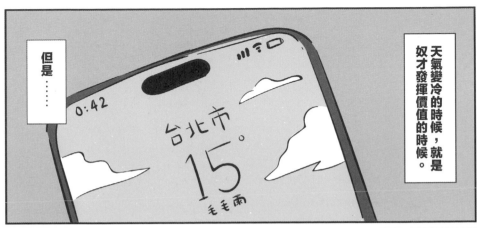

天氣變冷的時候，就是
奴才發揮價值的時候。

但是……

台北市。
15.
毛毛雨

0:42

ZZZ

阿瑪喜歡睡胯下，所以
每當他來的時候……

……

阿瑪？啊……

阿瑪喜歡直接往大腿上坐。

不論你大腿中間有沒有空隙，他都會硬塞進來。

鳥瞰透視圖。

狸貓大腿的內側空間就會被阿瑪慢慢撐大……

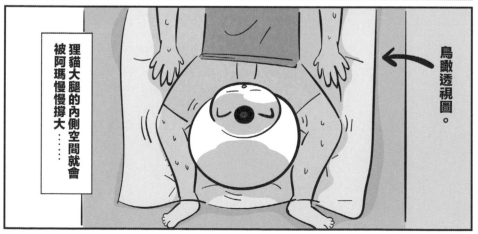

胯下慢慢變成阿瑪的形狀，呈現不自然的詭異姿勢。

還得配合阿瑪睡姿變化，整個晚上都不敢動。

導致早上起床，下半身痠痛，走路腳也都開開的。

腳合不起來。

貓咪的睡覺姿勢通常跟天氣的變化有超密切的關係，天氣熱的時候，貓咪往往不太會想跟人類靠在一起。；不過冬天就不一樣了，人類怕冷，貓咪也需要溫暖，對他們而言，我們簡直是個超大暖暖包，雖然我們也把他們當成暖暖包，反正就是各自取暖囉！

by 志銘

淺眠的原因

因為床鋪變大了，貓咪們變得更喜歡到床上活動。

所以每次到晚上，床就變成他們逛街的聖地。

三腳喜歡重壓在狸貓脖子或臉部。

呃……

柚子會跑來棉被裡討摸，但通常只會待五分鐘。

拍屁屁！！

阿瑪會睡在另一顆枕頭上，但有時候他會……

突然對著狸貓大叫。

啊啊啊啊啊啊啊啊啊啊啊！

導致狸貓精神錯亂，越來越淺眠，貓咪超可怕。

我在幹嘛……

我是誰……

呵呵……

呵呵……

原先臥室的上下鋪，在今年年中時，考量到貓咪們懶得跳上跳下，因此改成了只有一層的雙人床，一方面擔心貓咪們不小心沒跳好可能會受傷，一方面換成雙人床，可以有更多的空間能讓貓咪一起陪睡。

但是有一好沒兩好，當床能容下更多貓咪聚集時，就更可能有不同的突發狀況啦！

狸貓近期常淺眠驚醒，最印象深刻的是……

那是一個平靜的夜晚，阿瑪睡在狸貓旁的枕頭上。

跳

嗯……？走了？

爆衝離場 →

阿瑪你也淺眠啊……

這天的阿瑪不知道為何，躺一下下就起床走掉。

阿瑪起身後，狸貓轉頭看向身旁那顆枕頭……

欸？

那個黑黑的，黏在枕頭上的是……

阿瑪遺落下來的屎嗎？

阿瑪，你又亂抹屎了！

蛤？

煩死了⋯⋯

剛剛有屎的位置，怎麼變成搜搜了？

⋯⋯⋯？

咦，那我剛剛看到的是什麼？

過了三秒鐘，回神後才發現⋯⋯

不戴眼鏡看……
是屎！

戴上眼鏡看……
就變搜搜了！

狸貓近視有一千度，所以把枕頭套上的搜搜看成屎，也是情有可原的！

近視度數深的人，感覺日常生活有數不盡的類似煩惱呢！

小花生日時，我們幫她做了支一年多來的成長影片！

大約每週一個月會拍一張她在餐盤上吃飯的照片。

但最近，只是想拍張她安靜坐在餐盤上的照片……

來，小花拍照！

嘿咻！

不受控制啊！

馬……馬上逃跑！

欸？

咔咔

33

34

小花從小到大的變化，不論在體型或是個性上，想必都是大家有目共睹的。想起當時準備領養小花時，醫師提醒我們的話：「三花貓好像都比較有個性，比較難搞一點唷…」就覺得心有戚戚焉。

不過，雖然小花滿有個性的，但也是很可愛啦（瑟瑟發抖中…）

by 志銘

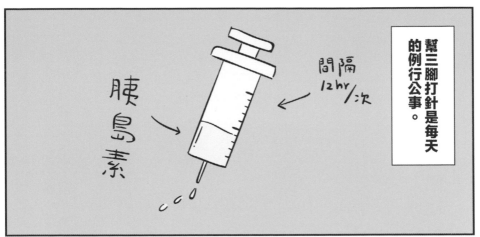

幫三腳打針是每天的例行公事。

避免三腳對打針產生懼怕，打針的時候會同時拿著柴魚片給她。

來，三腳打針囉！

哦哦哦哦哦！

每天都要打兩針的三腳，看到我就會很興奮，因為她目光都在柴魚片上。

以往柴魚片大概都是一次給兩三片。

結果這次……

三腳就這樣趴在地上狂吸舔柴魚片。

三腳妳……

好像一台吸塵器……柴魚片吸塵器……

不到三分鐘，地板上的柴魚片就消失了。

對貓咪來說，最喜歡奴才們失手打翻零食點心什麼的了，尤其是平時有所限制的美味食品，突然一口氣可以吃一大堆，肯定要把握好千載難逢的好時機呀！

搜可史現在跟招弟同房，生活過得很平靜。

沒有貓會來打擾她，除了睡覺吃飯，就是在窗邊看風景。

或是去小幫手桌邊，看他們打電腦。

有時候看一看就看到睡著了。

後來有一天發現，搜可史特別喜歡盯著螢幕的滑鼠游標。

搜可史會一直看欽……

於是有人提議找貓咪影片給她看！

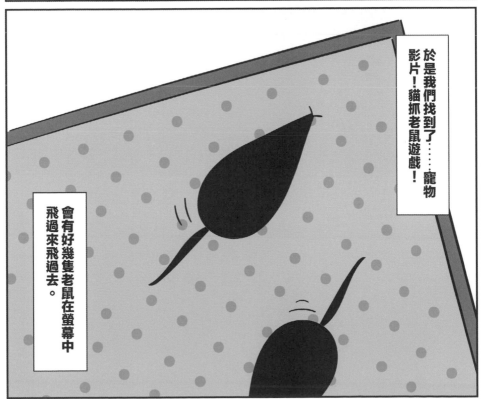

於是我們找到了……寵物影片！貓抓老鼠遊戲！

會有好幾隻老鼠在螢幕中飛過來飛過去。

48

很多貓咪其實都是電視兒童，只不過有一種是喜歡看窗外，窗外的車子行人來來去去的畫面，非常容易引起貓咪的注意；另一種則是看我們的電腦或是平板螢幕，尤其如果特別挑選貓咪喜歡的畫面內容，更可以讓他們看得目不轉睛喔！

2
PART

偶爾淘氣的小可愛

啊。

!!!

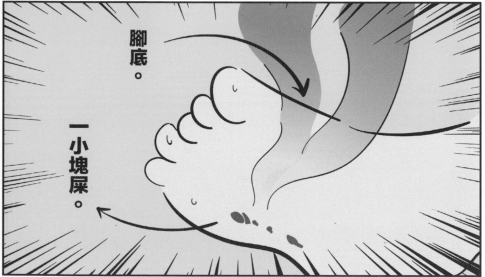

腳底。

一小塊屎。

狸貓一進房間，就已經踩到阿瑪的貓屎炸彈。

啊啊啊在我腳上！好臭臭臭臭臭！什麼時候踩到的！

地板有屎應該還是比地板有尿還要好一些啦！

阿瑪有嚴重的塑膠異食癖，很愛啃塑膠。

塑膠袋、紙箱殘膠、吸管套，全部都是阿瑪的獵物！

甚至連塑膠製的逗貓棒，阿瑪都可以吃掉！

不不不不不

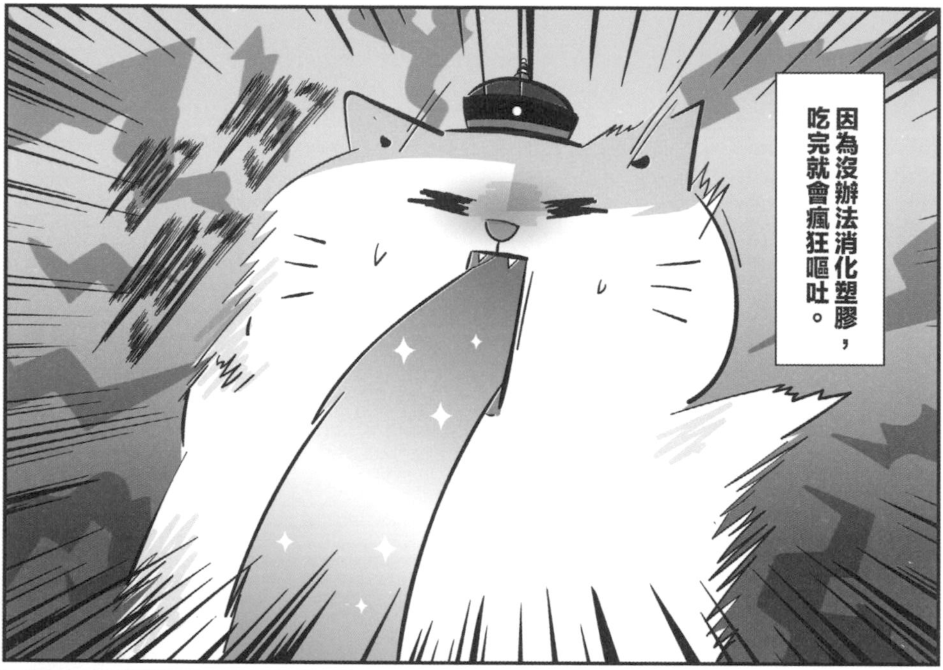
因為沒辦法消化塑膠，
吃完就會瘋狂嘔吐。

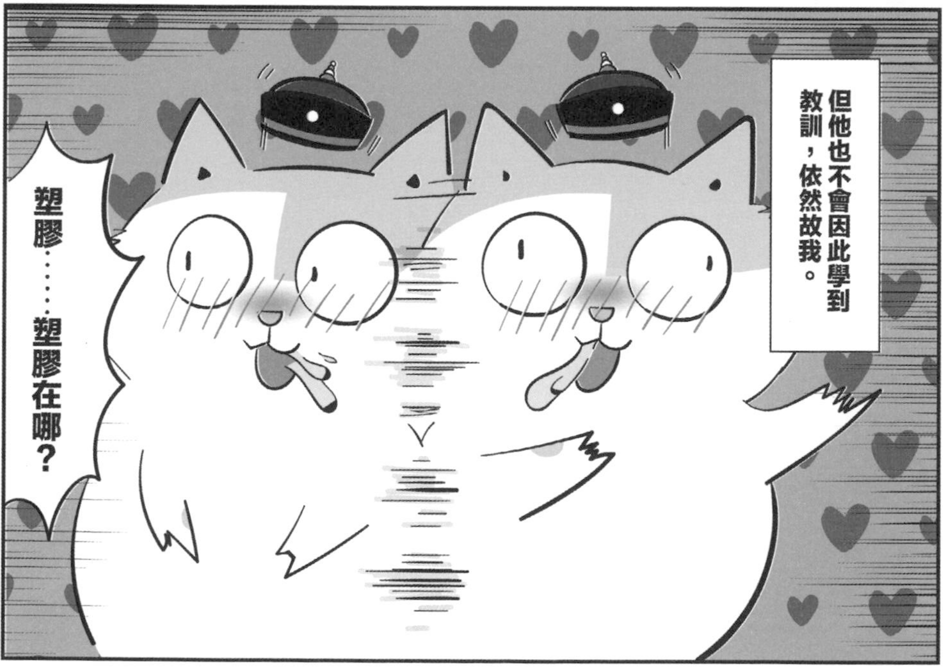
但他也不會因此學到
教訓，依然故我。
塑膠……塑膠在哪？

真拿你沒辦法……

只好拿出我私藏的……

收集了超級久的吸管套們！

來吧！盡情的咬吧！

只能在有人監督下，給阿瑪咬塑膠，但咬幾口就得把它搶回來，避免他真的吃下去！

這麼多年過去了，異食癖的阿瑪還是很難戒掉塑膠，有時候明明早就把塑膠都收起來了，但阿瑪總是能找出它們，而且有時候越久沒碰到塑膠，他就反而更想找到。

於是我們乾脆收集一堆吸管套，讓他可以在我們看著的時候，隨意一次咬個夠，也算是一種紓壓發洩的方式吧！

by 志銘

59

聽說這個地墊可以有效減緩關節的受力！

因為阿瑪關節老化，所以後宮最近換了新地墊。

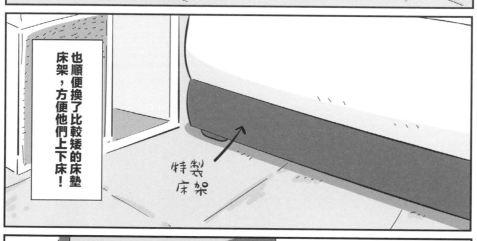

也順便換了比較矮的床墊床架，方便他們上下床！

特製床架

不用雙層床架後，整個房間採光變得很好！

但故事還沒有結束。

他好忙…

老天爺可能覺得他還不夠慘。

啊……啊……

聞

為什麼……被子濕濕的?

關於亂尿尿的故事，還有人會覺得驚訝嗎？

因為臥室沒有攝影機，上回在床上亂尿尿的兇手，只能用推測方式來判斷……

三腳平常是很乖的，所以應該不會是她，先排除她！

推測一……尿尿嫌疑犯。

有亂尿尿前科的是……

柚子！

嚕嚕！

阿瑪！

？

浣腸！

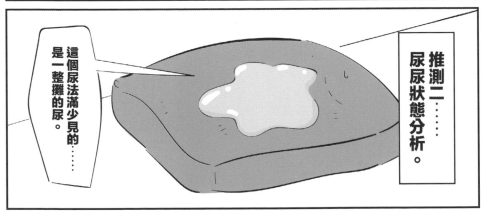

這個尿法滿少見的……
是一整攤的尿。

推測二……
尿尿狀態分析。

柚子排除！

柚子的尿是高射砲型，所以不是他尿的。

去問問他們！

那就剩下阿瑪、嚕嚕、浣腸。那時候……有誰在呢？

嚕嚕，你那時候有在客廳散步嗎？

推測三……不在場證明。

經過一大堆的假設推定，就這樣推出了極大可能犯案的亂尿尿犯人了…

三年前搬家到這裡，房間變多之後……

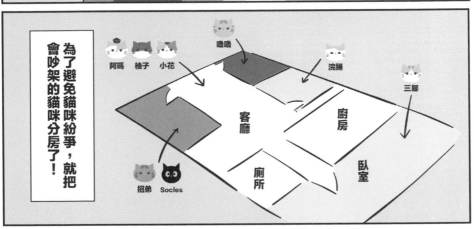

為了避免貓咪紛爭，就把會吵架的貓咪分房了！

阿瑪　柚子　小花　嚕嚕　浣腸　三腳

客廳　廚房　廁所　臥室

招弟　Socles

以前吵最兇的就是這兩位，嚕嚕跟浣腸！

來啊！

吼吼

來打架啊！

70

導致兩隻為了搶地盤，到處噴尿卡位。

啊啊啊啊！

啊啊啊沙發！啊啊啊啊不！

現在分房之後，幾乎就沒再見過面了。

直到某天……

Peace!!

Peace!!

浣腸學會開門，還把嚕嚕放出來了！

那天，他們見面了，但沒發生任何事情。

得知這件事情後，狸貓萌生了一個念頭⋯⋯

是時候讓他們兩個再次好好見面了吧？

時間好像已經沖淡他們的仇恨了！

於是，狸貓某天就把他們倆的房門都打開了。

來！過來！

你們一起來吃貓草！

原以為嚕嚕浣腸這麼久沒見面，可能已經可以把對方當成新貓來看待了，沒想到他們一見面竟然還是這麼火爆，還好是在我們的眼前讓他們見面，否則真是不堪設想。

不過，其實後來浣腸還是有幾度自己通過重重關卡，打開了嚕嚕的房門。每次門一打開的瞬間，當浣腸看見嚕嚕走出來，卻又會表現出「你怎麼會在這邊？你想要對我怎樣？」的驚恐模樣，我想這大概又是浣腸的某個奇妙的「貓格」吧！

家有八貓如有八寶

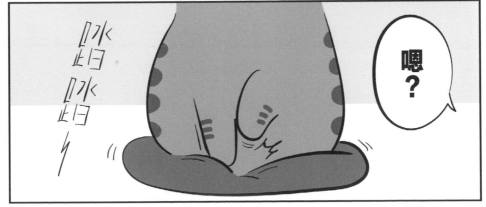

有時候覺得招弟的表演欲還滿強的，尤其是跟 Socles 共處一室的時候！

每次走進搜可史的房間時……

都沒辦法看到她睡覺的樣子。

因為……

……

……

Socles 本來就滿愛撒嬌，有了招弟當室友之後，更激發了她愛撒嬌的行動力了！

柚子有時會跑去浣腸房玩，偶爾也會不小心被關在裡面，沒想到小花竟然知道，還要我們去幫忙開門。

小花，原來妳在找柚子……

小花謝啦！

沒想到小花這麼需要柚子。希望柚子要好好善待人家啊！

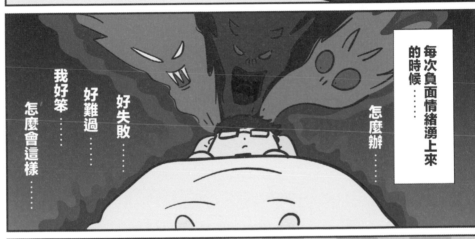

她就會跑到我們身旁，開始做一件事……

呼嚕嚕……
呼嚕嚕嚕……

呼嚕嚕呼嚕……

開始唱起呼嚕之歌！持續發出呼嚕聲！

當我睡著之後，三腳才會默默離去⋯⋯去她喜歡的地方入睡。

三腳，真的是特地來療癒人類的天使貓！

有時候甚至覺得，三腳的呼嚕聲好像比醫生開的藥更有用了呢！

幸運的鬍鬚

關於貓咪，流傳著一個傳說。

只要撿到貓咪的鬍鬚，就代表會有好運的事。

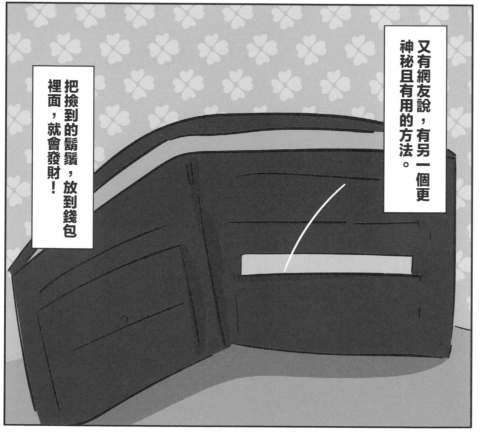

又有網友說，有另一個更神秘且有用的方法。

把撿到的鬍鬚，放到錢包裡面，就會發財！

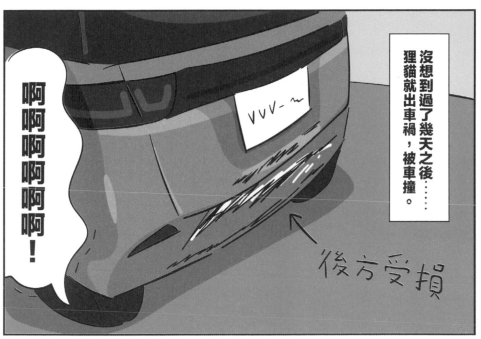

沒想到過了幾天之後⋯⋯狸貓就出車禍，被車撞。

啊啊啊啊啊啊！

後方受損

但還好算是小車禍，是對方擦撞上來，雙方人都沒有受傷。

唯一衰的是，狸貓是停車狀態下被擦撞到的⋯⋯

in 停車場

往好處想，如果狸貓沒有撿到鬍鬚的話，或許這次的車禍會更嚴重……

阿瑪，你是幸運貓對不對？

朕好餓！

快放飯。

大家要珍惜貓鬍鬚哦！

養貓的人是不是都有一個小盒子收藏貓鬍鬚呢，需要幸運的時候就對著他們喵喵叫吧，應該就會變得更幸運了…吧！

雞肉 → 牛肉

阿瑪很喜歡吃肉乾之類的零食，是非常喜歡的那種程度。

放肉乾的地方就在狸貓電腦桌旁，所以每次阿瑪看到狸貓進來房間的時候⋯⋯

就會馬上跑到桌上等吃。

阿瑪吃完就會跑去喝水，也已經變成一個習慣了。

維持一天一顆的吃法，也至少持續了一年了！

但這陣子不知道為什麼，每當狸貓出房間再回來。

剛去裝水。

狸貓每次都覺得阿瑪健忘，但在我（志銘）看來，阿瑪不過是覺得只吃一顆不夠，狸貓覺得自己已經跟阿瑪有個「一天只能吃一顆」的約定，但阿瑪自始至終都不覺得自己「一天只能吃一顆」！

「朕是皇上耶！怎麼可能一天只能一顆，朕一分鐘就要吃一顆！」阿瑪的話應該要這樣翻譯才對！

阿瑪的手

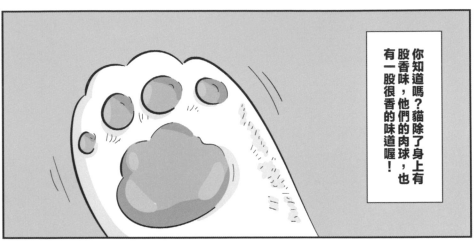

你知道嗎？貓除了身上有股香味，他們的肉球，也有一股很香的味道喔！

而狸貓，常會趁著跟阿瑪玩握手遊戲的時候，偷偷聞上幾口……

來阿瑪，握手！

這時候就要用力握……

幹嘛…

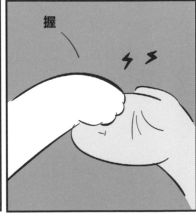

握

很好！應該很濃……

狸貓會趁握完手後，手上還留有肉球味道的餘韻時，馬上放到鼻子旁邊聞。

咦？

阿瑪的肉球，有爆米花的香味……

其實健康貓咪的身體多半都是香香的，除非他們不小心真的沾到了屎尿或是其他的髒東西，才有可能讓身體產生不好的氣味。不過我們如果時常透過吸貓來得到強烈的幸福感，那麼承受一點偶爾聞到奇怪味道的風險，應該也算是合理且可以接受的吧⋯⋯誰教他們那麼可愛呢！

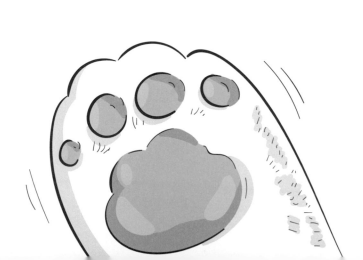

夢之船

PART

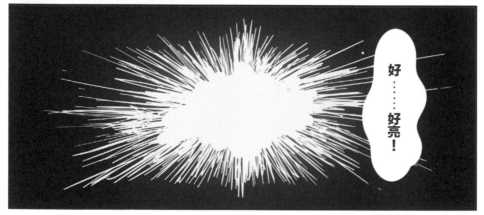

到底怎麼了？

大家看前面！天空有東西！

天上……有字？

把你的罐罐交出來

怪事接二連三發生，先是出現在船上，又突然被要求把罐頭交出去，究竟是發生什麼事了？

欽?

有光！又亮了！

這……

這裡是……

這裡……

這裡是日本！

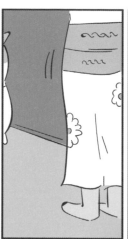

這裡是哪啊？

你……是誰？

歡迎來到夢之船的第一站，日本站。

你好，我只是一個機器，所以我是誰並不重要，重要的是你們必須回答以下問題……

（機械運轉聲）

%%%$@&&^

蛤？什麼意思？

日本古代，為了防止什麼遭老鼠咬壞，才把貓經由海外引進到日本？

1 佛教經書。

2 農作物。

請各位在心中作出回答。

你怎麼知道我們的答案？

！

公佈答案，答案是**1**。全部都答錯了。

我會自動讀取到你們腦中的答案，若你們沒有答案或是答錯，就會受到懲罰。

這一次答錯不計算，之後每位會有答錯三次的機會，且從下一次開始，答錯者就會被懲罰！

什麼？

接下來，你們將前往下一個城市。

又要去哪裡！

%%%$@&&&^（機械運轉聲）

欸？

周圍又變黑了⋯⋯

這裡是英國喵。

那不是我……

什麼？不是妳？

哦哦，搜搜妳真博學！

欸欸欸欸欸欸？有兩個搜搜？

你你你是誰？

……

你好，我只是一個機器，所以我是誰並不重要，重要的是你們必須回答以下問題。

又是機器人……

我們是在做夢嗎？好奇怪哦……

%%%$@&&^（機械運轉聲）

它要講話了！又要出題了嗎？

在英國，有黑貓朝你迎面走來，代表什麼意思？

1 會帶來好運
2 交通會發生意外

請各位在心中作出回答。
貼心提醒，此題開始答錯會有懲罰，請謹慎回答。

BBBB

雖然很不想這樣說⋯⋯

竟然問了黑貓的問題⋯⋯

公佈答案,答案是1。

答對了!黑貓會帶來好運欸!

啊,我答錯了⋯⋯

我也錯⋯⋯

竟然會帶來好運!

答錯者四名,現在將開始執行懲罰。

(機械運轉聲)%%%$@&&^

!

後宮貓咪們將會面臨什麼懲罰呢?

懲罰，執行。

啊啊啊！

被電波照到了！

要死了！

啊啊啊啊！

欸，沒事，不用叫了⋯⋯

啊啊啊啊！

啊你們！

我們沒事欸！

是懲罰什麼啊？

連這種程度的問題都答錯，真的很令人羞恥，所以要讓你們體驗羞恥感的方式，就是脫光衣服了。

而且在這裡，衣服是不能再穿回去的，好好感受裸體的羞恥感吧。

我們平常都脫光光啊。

貓咪本來就不穿衣服的。

……

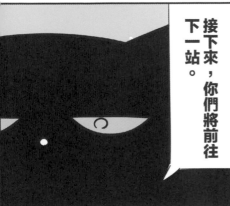

答錯一次脫衣服，他說能答錯三次，接下來不知道會是什麼……

接下來，你們將前往下一站。

我們到底是上了什麼船？
又要前往下一站……

不知道……
而且還強迫我們玩奇怪的問答遊戲。

好像在夢裡……
場景一直換……

又變暗了……

有人說夢是魔鬼的把戲，或許我們已經落入魔鬼的圈套了……

但落入圈套的人，是不會相信自己落入圈套的！

又亮了！

歡迎光臨。

出現了！這是哪？他是什麼東西？

在夏威夷海域，貓會對海豹造成生命威脅嗎？

1 會
2 不會

長得好奇怪。他是狗？

得罪海豹後的後宮們，陸續被傳送到各個不同的地方。

啊啊啊！

又要去哪哪哪？

泰國。

在泰國古代王宮裡，什麼貓享受著無微不至的照顧，有著如同王子和公主的待遇？

1 波斯貓

2 暹羅貓

答案是我！是暹羅貓哦喵！

1！波斯貓！

2

1

2

答錯的脫下你的衣服吧！

แมวไม่อ่อยหนีราาเร่ง

啊啊啊好赤裸啊！啊啊裸體！

又有幾隻貓被脫了衣服，繼續前往下一站。

埃及。

在古代埃及，貓死後會被做成木乃伊，會還是不會？

1 會
2 不會

他是什麼？

木乃伊本人的樣子。

公布解答，答案是不會！

2

2

會的話就太恐怖了吧！

騙你們的，答案是會把貓做成木乃伊！

什麼？說謊欸！

啊啊啊好羞恥啊！

後宮在此全部都答錯過一次，全裸繼續闖關。

執行，懲罰。

要是再答錯一次，就要接受新的懲罰⋯⋯

這裡是哪？好漂亮哦⋯⋯

法國。

歡迎來浪漫的法國，以「浪漫」著稱的法國人，獲得了歐洲ＯＯ寵物冠軍的稱號？

1 歐洲「疼愛」寵物冠軍
2 歐洲「遺棄」寵物冠軍

一定是1吧……

搞不好是2……

不一定哦！有些會虐貓的人，也很喜歡抱著貓拍照啊！

他手裡抱著一隻貓，應該是代表很愛貓！

這樣的話，答案應該是2，歐洲遺棄寵物冠軍吧？

但按照邏輯推理，會這樣設計問題，答案一定是讓人意外的那個答案吧？

法國人應該是疼愛冠軍！我猜是遺棄冠軍！

答案究竟是⋯⋯？

但也許要再逆向思考，搞不好就真的是疼愛！

怎麼會？

為什麼！

什麼！

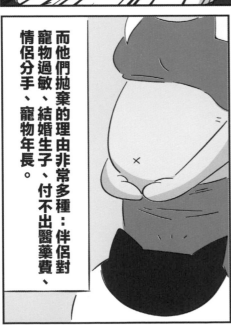

而他們拋棄的理由非常多種：伴侶對寵物過敏、結婚生子、付不出醫藥費、情侶分手、寵物年長。

歐洲人很喜歡養寵物，據統計超過一半以上的家庭都有養寵物。

太熱不想照顧寵物嗎？

為什麼？

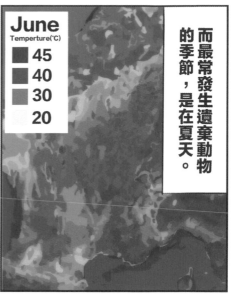

而最常發生遺棄動物的季節，是在夏天。

where are they?

因為夏天是法國人的旅遊渡假高峰，而法國許多飯店禁止寵物入內，有些還有另外收費，又或是因為要出遊，沒人照顧寵物，只好棄養。

種種不方便的原因，導致夏天是法國人遺棄寵物的高峰期。

還有一個說法是，法國父母喜歡把寵物當成禮物送給小孩。

Thank You!!

For You!

但往往小孩年長，或是要出去外面讀書後，對寵物失去興趣，就會把他們遺棄。

Pet's - Free adoption

Age : 5 years
Gender : ♂
Location : ＿＿＿ ＿

法國有針對遺棄高峰期做出配套，但是成效有限。

原來⋯⋯

148

雖然大家覺得法國很浪漫，但這種氛圍不一定適用在每一件事情上面。

而棄養，其實也不只有法國會發生而已。

沒想到竟然是這樣⋯⋯

法國貓的貓生好辛苦⋯⋯

接下來，就是懲罰了。這次的懲罰比較特別。

怎麼會這樣⋯⋯

怎⋯⋯

答錯這些問題，真的很丟臉，所以就把你們的臉變成這樣，看起來很丟臉吧。

⋯⋯

是自由女神欸……

請問，美國最新研究指出，美國女性看到男生抱著貓咪的照片，會有何想法？

1 負責任的好人
2 比較沒有男子氣概

自由女神突然講話了……

公佈答案，答案是2。

美國女性會覺得抱著貓的男生，比較沒有男子氣概。

我又答錯了！

什麼？

美國一研究團隊找了七百位美國女性。

研究女性看見男性抱貓的照片，對於發展兩性關係的有無差異。

分別幫男子拍了兩張照片，一組有抱貓，另一則沒有，並請女性就照片中的氣質，會不會考慮發展短期或長期關係。

結果顯示，其中有超過三成的女性，會想與沒有抱貓的男性約會或發展感情。

而有高達四成多的女性，對不與抱貓的男子進行約會，表示絕對不與抱貓的男子進行約會。

45%

最後研究指出，因為普遍女性認為，抱著貓的男性較為神經質、不陽剛。

不陽剛

神經質

他一定比較愛貓！

他怎麼不是抱狗？

而她們認為單獨拍照的男性顯得較有自信，甚至認為單獨拍照的男性較有可能養狗。

相較於貓咪，女性也比較願意與有養狗的男性約會。

等等我們帶狗去散步！

好啊好啊！

162

真的是無止盡的問答欸！
到底要回答到什麼時候？

又要繼續！
好奇怪哦……

在墨西哥，遇到黑貓
代表什麼意思？

A帶來好運
B帶來厄運

這題之前回答過！
遇到黑貓是好運！

欸……
但那是英國欸……

除了阿瑪之外，都被處以最終懲罰，所以全部貓貓都消失了。

而阿瑪的五官也因為懲罰，而開始變成丟臉的樣子。

沮喪感朝阿瑪襲來，此時耳邊也突然傳來一些奇妙的聲響……

誰叫朕？

阿瑪被傳送前的一瞬間，回應了那個聲音。

?

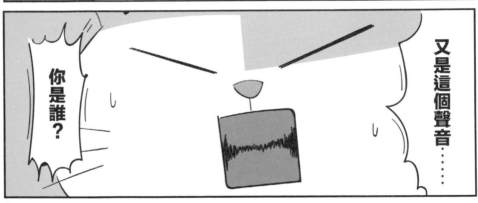

什麼？所以現在是朕在跟自己對話嗎？

是的，當你在深層夢中，如果聽到了自己的聲音，就代表夢快要到尾聲了，此時你給予回應，就可以回到這艘船上。

那……如果朕沒回應呢？

那就表示你還得繼續在夢裡冒險哦。

夢之船是夢境旅程的開端，同時也是旅程的終點。

這裡是夢的表層，你們剛剛都進入了夢的深層，應該遇到了很多難以形容的事情吧？

當你醒來後，就會忘記這段對話，但在夢中經歷的事情，都會繼續跟著你生活下去喔！也許哪一天，就會突然想起夢中的某些畫面哦。

啊⋯⋯

奇怪⋯⋯突然好睏⋯⋯

那就代表你快要醒囉！是這次夢的終點喔！

夢之船，等候你的下次上船喔！

狸貓

結語

貓咪超有事竟然第四集啦，這都是多虧了大家的支持啊！寫這段話的我，昨天晚上經歷了四次驚醒，一次是被阿瑪在耳邊叫醒、一次是三腳敲門、一次是小花找柚子在怪叫，最後一次是阿瑪在房間大叫，與多貓生活在一起真的是充滿驚喜與意外啊，這些畫面也都存在我的腦海中，也許哪天就會變成漫畫裡面的故事了！

這次漫畫裡面最印象深刻的篇章，大概就是小花找柚子而怪叫了，真的太讓我意外了，沒想到小花竟然會惦記著柚子，也許貓咪們的情感比我們想像來得豐沛許多！

夢之船的章節，一開始想走個不同以往，簡單的貓咪冷知識問答，但最後也不知不覺變成一連串的小故事了，結尾我特意加入了對於夢與睡眠的各種想像與猜測。每次我作夢的時候，如果是有趣的夢，還記得的話就會寫下筆記，讓自己以後可以回味那個夢境，如果是讓人嚮往的夢，我真的會立馬躺下，想辦法繼續睡著回去剛剛的夢境，但往往都失敗告終（有人也跟我一樣嗎？），阿瑪們的夢之船可能也是這樣吧，每次的旅程都是全新且未知的！

志銘

常常在出書前，後宮總會發生許多意外且奇妙的事情，記得有好幾次，是在交稿前我或狸貓輪番得了重感冒。而這次，是剛好面臨了必須要在短時間內搬家的困境，大家看到書的此時，我們應該正在如火如荼的準備搬家（也可能已經搬完了也說不定）。

總之，這陣子我們只好一邊整理書的內容，一邊尋找適合的房屋，每天都在跟時間賽跑。但是我們必須記得的是，一方面要面臨解決生活裡的各種考驗，一方面也要在貓咪面前不動身色，以免影響到他們的情緒，而這些，其實也是所有貓奴都必須面對的課題，貓咪的情緒太敏感，一有什麼異狀，他們都可能有感覺，進而可能造成的影響更是不勝枚舉。

這幾年來，面對任何狗屁倒灶的事，我們也持續在前進著，正如同阿瑪及後宮的年齡與體重，也是沒有在客氣的持續增加的呀！希望所有不順利的事情，就像阿瑪他們搭上的夢之船一樣，醒來了就都沒事了，雖然在過程中，會覺得挫折或是莫名其妙，但，沒有什麼是醒來擼個貓不能解決的，對吧？

189

黃阿瑪的後宮生活 Fumeancats

貓咪超有事

夢之船 ④

作　　　者／黃阿瑪；志銘與狸貓	總 編 輯／賈俊國
攝　　　影／志銘與狸貓	副總編輯／蘇士尹
封面設計／米花映像	編　　　輯／黃欣
內頁設計／米花映像	行銷企畫／張莉滎、蕭羽猜、溫于閎

發 行 人／何飛鵬

出　　版／布克文化出版事業部
　　　　　台北市南港區昆陽街 16 號 4 樓
　　　　　電話：(02)2500-7008 傳真：(02)2502-7676
　　　　　Email：sbooker.service@cite.com.tw

發　　行／英屬蓋曼群島商家庭傳媒股份有限公司城邦分公司
　　　　　台北市南港區昆陽街 16 號 5 樓
　　　　　書虫客服服務專線：(02)2500-7718；2500-7719
　　　　　24 小時傳真專線：(02)2500-1990；2500-1991
　　　　　劃撥帳號：19863813；戶名：書虫股份有限公司
　　　　　讀者服務信箱：service@readingclub.com.tw

香港發行所／城邦（香港）出版集團有限公司
　　　　　香港九龍九龍城土瓜灣道 86 號順聯工業大廈 6 樓 A 室
　　　　　電話：+852-2508-6231　傳真：+852-2578-9337
　　　　　Email：hkcite@biznetvigator.com
馬新發行所／城邦（馬新）出版集團 Cité (M) Sdn. Bhd.
　　　　　41, Jalan Radin Anum, Bandar Baru Sri Petaling,
　　　　　57000 Kuala Lumpur, Malaysia
　　　　　電話：+603- 9057-8822　傳真：+603- 9057-6622
　　　　　Email：cite@cite.com.my

印　　刷／卡樂彩色製版印刷有限公司
初　　版／2024 年 01 月
初版 16.5 刷／2024 年 07 月
定　　價／330 元
ISBN 978-626-7431-10-8
EISBN 978-626-7431-08-5(EPUB)

城邦讀書花園　布克文化
www.cite.com.tw　www.sbooker.com.tw